Somme des valeurs divisibles par chacune d'elle

© Décembre 2024, R.S.

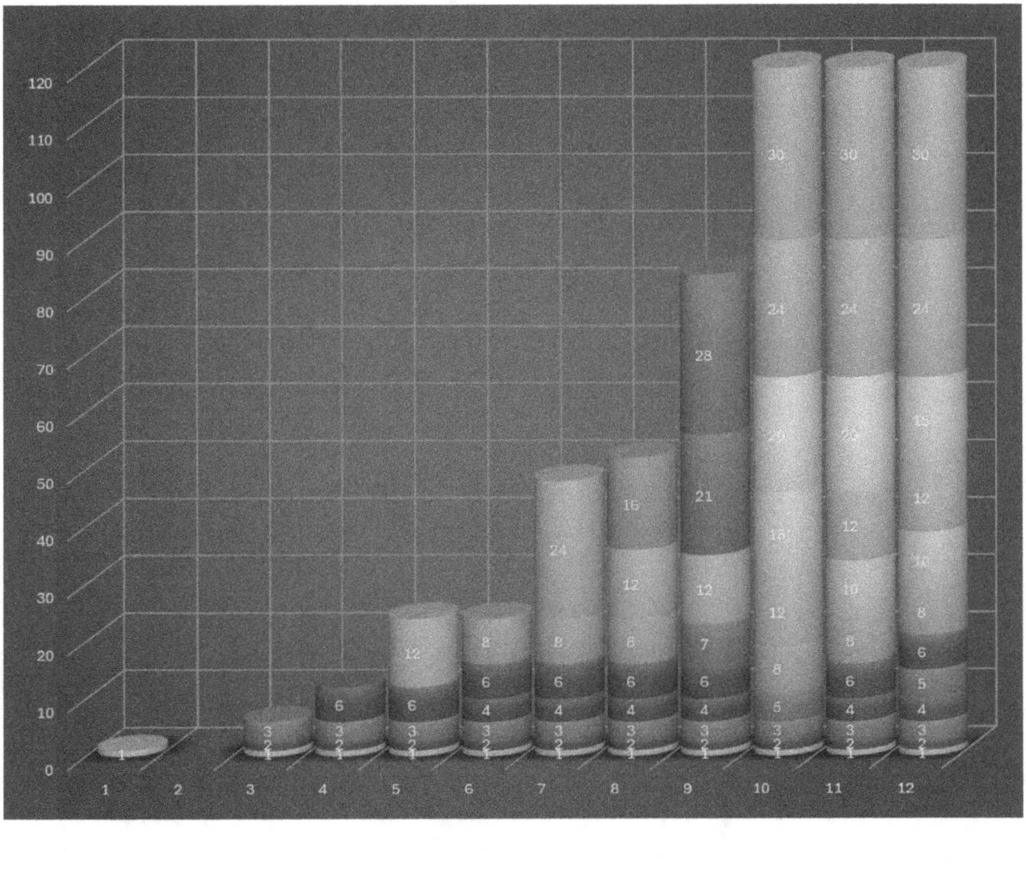

Table des matières

1. Enoncé 6
2. Analyse 7
3. Cas particuliers 10
4. Suite de Sylvester 12
5. Solutions selon n 14
6. Plus petite somme sn de n nombres telle que chacun de ces n entiers positifs distincts divise la somme sn de ces n nombres 19
7. Equation génératrice 27
8. Partition 30
9. Références 33
10. Conclusions 34

R.S.

SOMME DE VALEURS DIVISIBLES PAR CHACUNE D'ELLE

A Amélie et Victor.

SOMME DE VALEURS DIVISIBLES PAR CHACUNE D'ELLE

© 2024, RS, Paris, France.

ISBN : 9798302755995

Tous droits de traduction, de reproduction et d'adaptation réservés pour tous pays.

Le Code de la propriété intellectuelle n'autorisant, aux termes de l'article L.122-5, 2° et 3° a), d'une part, que les "copies ou reproductions strictement réservées à l'usage privé du copiste et non destinées à une utilisation collective" et, d'autre part, que les analyses et les courtes citations dans un but d'exemple et d'illustration, "toute représentation ou reproduction intégrale ou partielle faite sans le consentement de l'auteur ou de ses ayants droit ou ayants cause est illicite" (art. L.122-4).
Cette représentation ou reproduction, par quelque procédé que ce soit, constituerait donc une contrefaçon sanctionnée par les articles L.335-2 et suivants du Code de la propriété intellectuelle.

« Les principes de l'Harmonie se réduisent à des nombres. »

Leonhard Euler (1707-1783)

1. Enoncé

> Existe-t-il n entiers positifs distincts tels que chacun d'entre eux divise la somme s_n de ces n nombres ?

Existe-t-il n entiers positifs distincts tels que chacun d'entre eux divise la somme de ces n nombres ? Assurément oui, mais comment les calculer en fonction du nombre d'entiers n ? Pourquoi ce problème est-il si difficile ? Que cache-t-il ? Que révèle-t-il ? Et existe-t-il d'autres problèmes qui s'y réfèrent ? Qu'est-ce qui les relie ? Autant de questions qui sont abordées, parsemé de calculs mathématiques pour enrichir notre compréhension et apprentissage.

On cherche donc tous les entiers positifs a_k tel que :

$$s_n = \sum_{k=1}^{n} a_k \text{ tel que } \frac{s_n}{a_k} \in \mathbb{N}^* \text{ avec } s_n > a_n > a_{n-1} > \cdots > a_1 \geq 1$$

Par exemple avec :

$$n = 3 \to S_3 = 6 = 3 + 2 + 1 \text{ et } \begin{cases} \dfrac{6}{3} = 2 \\ \dfrac{6}{2} = 3 \\ \dfrac{6}{1} = 6 \end{cases}$$

Il s'agit de trouver au moins une partition de s_n avec n fixé, d'une partie de ses diviseurs tous distincts. Il n'existe pas de formule toute faîte. On peut néanmoins en rechercher une approximation. Nous allons tout d'abord les lister pour mieux comprendre dans quels cas il en existe et dans quels cas il n'en existe éventuellement pas. C'est parti.

2. Analyse

La décomposition en facteurs premiers, nous indique que :

$$s_n = \prod_{k=1}^{\pi(s_n)} p_k^{v_{p_k}(s_n)} \quad avec \begin{cases} p_k = k^{i\text{è}me} \text{ nombre premier} = \{2; 3; 5; 7; 11; 13; 17; 19; 23; ...\} \\ \pi(s_n) = \text{nombre de nombres premiers} \leq s_n \end{cases}$$

Ainsi pour obtenir une division entière, il suffit que :

$$\frac{s_n}{a_k} \geq 2 \rightarrow a_k \text{ est un diviseur de } s_n \text{ inférieur à ce dernier.}$$

On sait également que le nombre de diviseurs d de s_n vaut :

$$d(s_n) = \prod_{k=1}^{\pi(s_n)} \left(v_{p_k}(s_n) + 1\right) = card(d_i \in \mathbb{N} \text{ et } d_i \in [1; s_n] \text{ tel que } d_i | s_n) = \sum_{d_i | s_n} 1 < 2\sqrt{s_n}$$

Car :

$$s_n = \left(\frac{\sqrt{s_n}}{k}\right)\left(k\sqrt{s_n}\right) \; avec \; k \in \left[1; \sqrt{s_n}\right] \rightarrow d(s_n) \leq 2\sqrt{s_n} \quad \underbrace{-1}_{\substack{\text{sinon le} \\ \text{diviseur} \\ \sqrt{s_n} \text{ serait} \\ \text{compté 2 fois}}}$$

Et, en effet :

$$si \; s_n = 2^3 3^1 5^2 = 2^{v_2(s_n)} 3^{v_3(s_n)} 5^{v_5(s_n)}$$

$$On \; a \; pour \; le \; facteur \; premier \begin{cases} 2 : 4 \text{ cas possibles } (2^0, 2^1, 2^2 \text{ et } 2^3) \\ 3 : 2 \text{ cas possibles } (3^0 \text{ et } 3^1) \\ 5 : 3 \text{ cas possibles } (5^0, 5^1 \text{ et } 5^2) \end{cases}$$

$\rightarrow$ Nombre de combinaisons : $4 \times 2 \times 3 = (v_2(s_n) + 1)(v_3(s_n) + 1)(v_5(s_n) + 1) = 24$

De plus, on remarque qu'on a toujours :

$$\begin{cases} d_1 = 1 \\ d_{d(s_n)} = s_n \end{cases} \rightarrow d(s_n) \geq 2 \text{ pour tout } n > 1$$

SOMME DE VALEURS DIVISIBLES PAR CHACUNE D'ELLE

Et comme :

$$1 \leq a_k = d_i < s_n \rightarrow \text{Solution possible ssi } d(s_n) > n$$

Car pour ne pas dépasser s_n dans la somme de certains de ses diviseurs, il faut en avoir au moins $n+1$ disponible pour ne pas prendre s_n lui-même. Ainsi :

> Il existe toujours au minimum 2 diviseurs de s_n qui sont 1 et lui-même ($\forall n > 1$).
>
> Ce minimum est atteint exclusivement par tous les nombres premiers.

Ecrit autrement, on a :

$$s_n = \sum_{k=1}^{n} a_k \rightarrow a_n < s_n = d_{d(s_n)} \rightarrow d(s_n) > n$$

Soit :

$$2\sqrt{s_n} > d(s_n) > n \rightarrow s_n > \frac{n^2}{4}$$

Encore mieux, comme chaque diviseur est distinct l'un de l'autre, on a, à minima :

$$a_k \geq k \geq 1 \rightarrow s_n \geq \sum_{k=1}^{n} k = \frac{n(n+1)}{2} \quad \text{pour } a_k = \{1; 2; 3; \ldots; n\}$$

Les trois inéquations en gras ci-dessus constituent deux conditions nécessaires mais pas suffisantes. En outre, on a au plus :

$$a_n < s_n \rightarrow a_n \leq \frac{s_n}{2}, a_{n-1} \leq \frac{s_n}{3}, a_{n-2} \leq \frac{s_n}{4} \ldots$$

D'où :

$$s_n \leq \sum_{k=1}^{n} \frac{s_n}{k+1} = s_n \sum_{k=2}^{n+1} \frac{1}{k} \approx \frac{s_n}{2}\left(\int_2^{n+2} \frac{dx}{x} + \int_1^{n+1} \frac{dx}{x}\right) = \frac{s_n}{2} \ln\left(\frac{(n+2)(n+1)}{2}\right)$$

$$\rightarrow n^2 + 3n - 2(e^2 - 1) \geq 0 \rightarrow n \geq \frac{-3 + \sqrt{8e^2 + 1}}{2} \approx 2{,}38 \rightarrow n \geq 3 \rightarrow s_n > \frac{9}{4} \rightarrow s_n \geq 3$$

> Il n'existe aucune solution pour $n = 2$.

On verra plus loin une preuve simple de ce résultat. Prenons maintenant quelques cas particuliers.

3. Cas particuliers

➢ Nombres premiers

En l'occurrence si s_n est premier, on a :

$s_n = p \rightarrow s_n\ a\ 2\ diviseurs : 1\ et\ p \rightarrow d(p) = 2 > n \rightarrow n = 1 \rightarrow infinité\ de\ solution$

> Il n'existe donc aucune solution si s_n est un nombre premier.

> Il existe une infinité de solution pour $s_1 = k$ ave $k \geq 1$.

➢ Puissance d'un nombre premier

Si s_n est une puissance d'un nombre premier, on a :

$$s_n = \sum_{k=1}^{n} a_k = p^v \geq \frac{n(n+1)}{2}\ avec\ v > 1 \rightarrow v \geq \ln_p\left(\frac{n(n+1)}{2}\right)$$

Et :

$$d(s_n) = \{1; p; p^2; \ldots; p^v\} = v + 1 > n \rightarrow p^v > p^{n-1}$$

D'où :

$$p^{n-1} \leq \frac{n(n+1)}{2} \rightarrow p \leq \underbrace{\left(\frac{n(n+1)}{2}\right)^{\frac{1}{n-1}}}_{fonction\ décroissante} \underset{n=3}{\leq} \sqrt{6} \approx 2{,}44 \rightarrow p = 2\ avec\ n \geq 3$$

> Il n'existe donc aucune solution si s_n est une puissance d'un nombre premier impair $(p > 2)$.

Or les diviseurs de s_n sont alors :

$$p = 2 \rightarrow \left\{ \underbrace{1}_{\substack{\text{à exclure} \\ \text{car} \\ 2^v \text{ pair}}} ; 2; 4; 8; \ldots ; 2^v \right\} = \underbrace{\left\{ 1; 10; 100; 1000; \ldots ; \underbrace{10 \ldots 0}_{\substack{1 \text{ suivi de} \\ v \text{ zéros}}} \right\}}_{\text{en binaire}}$$

Or, si on additionne n'importe laquelle des combinaisons des diviseurs de s_n en binaire ci-dessus, on n'obtiendra jamais une puissance de 2 qui en binaire sera toujours par définition sous la forme d'un 1 suivi uniquement de zéros. Mais comme chaque diviseur est distinct les uns des autres, alors chaque 1 en binaire sont décalés (à des positions différentes) et leur somme créera plusieurs 1 dans la forme binaire qui ne correspondra donc jamais à une puissance de 2 (un seul 1 suivi que de zéros).

> Il n'existe donc aucune solution si s_n est une puissance d'un nombre premier.

Revenons-en au cas général.

4. Suite de Sylvester

On sait déjà que :

$$s_n = \sum_{k=1}^{n} a_k = \sum_{k=1}^{n} \prod_{j=1}^{\pi(a_k)} p_j^{v_{p_j}(a_k)} = \prod_{k=1}^{\pi(s_n)} p_k^{v_{p_k}(s_n)} \ avec \ v_{p_i}(s_n) \geq v_{p_i}(a_k) \ et \ 1 \leq i \leq \pi(s_n)$$

Et :

$$3 \leq n < d(s_n) = \prod_{k=1}^{\pi(s_n)} \left(v_{p_k}(s_n) + 1\right) \leq 2\sqrt{s_n} - 1 \leq \left(\max\left(v_{p_k}(s_n)\right) + 1\right)^{\pi(s_n)}$$

Mais cette approche montre très vite des difficultés. On sait également que :

$$s_n = a_n + a_{n-1} + \cdots + a_2 + a_1 \rightarrow \frac{1}{\frac{s_n}{a_n}} + \frac{1}{\frac{s_n}{a_{n-1}}} + \cdots + \frac{1}{\frac{s_n}{a_2}} + \frac{1}{\frac{s_n}{a_1}} = 1$$

Par exemple :

$$s_3 = 6 = 3 + 2 + 1 \rightarrow \frac{1}{\frac{6}{3}} + \frac{1}{\frac{6}{2}} + \frac{1}{\frac{6}{1}} = \frac{1}{2} + \frac{1}{3} + \frac{1}{6} = 1$$

Cela nous rappelle un problème de fraction Egyptienne avec des contraintes en plus, ou les conjectures d'Erdös-Strauss et de Sierpinski. Mais c'est un autre esprit brillant qui nous fournit une solution des plus merveilleuses. La suite de Sylvester vaut :

$$y_0 = 2 \ et \ y_{n+1} = 1 + \prod_{k=0}^{n} y_k = s_n(s_n - 1) + 1 \rightarrow \frac{1}{y_n - 1} = \frac{1}{y_n} + \frac{1}{y_{n+1} - 1}$$

Et sa somme se résout donc par télescopage ainsi :

$$\sum_{k=0}^{N} \frac{1}{y_k} = \sum_{k=0}^{N} \left(\frac{1}{y_n - 1} - \frac{1}{y_{n+1} - 1}\right) = \frac{1}{y_0 - 1} - \frac{1}{y_{N+1} - 1} = 1 - \frac{1}{y_{N+1} - 1}$$

D'où :

$$1 = \sum_{k=0}^{n-2} \frac{1}{y_k} + \frac{1}{y_{n-1}-1} \to \frac{s_n}{a_{n-i}} = y_i \text{ avec } i \in [0; n-2] \text{ et } \frac{s_n}{a_1} = y_{n-1} - 1$$

Et sachant que les premières valeurs valent :
$$y_k = \{2; 3; 7; 43; 1807; \dots\}$$
On obtient facilement :
$$s_2 = 2a_2 = 2a_1 \to s_2 \text{ n'existe pas car } a_1 = a_2$$
$$s_3 = 2a_3 = 3a_2 = 6a_1 \to s_3 = 3 + 2 + 1 = 6$$
$$s_4 = 2a_4 = 3a_3 = 7a_2 = 42a_1 \to s_4 = 21 + 14 + 6 + 1 = 42$$
$$s_5 = 2a_5 = 3a_4 = 7a_3 = 43a_2 + 1806a_1 \to s_4 = 903 + 602 + 258 + 42 + 1 = 1806$$
$$\dots$$

C'est incroyable comme une solution qui parait sortie de nulle part résout tout nos problèmes simplement. D'autant que la divisibilité de s_n par chaque a_k ne semble pas évidente. Mais cela fonctionne ici terriblement bien.

On va reprendre pas à pas les solutions possibles dans le chapitre suivant.

5. Solutions selon n

➤ $n = 1$

$$s_1 = a_1 \text{ et } \frac{s_1}{a_1} = 1 \rightarrow \text{infinité de solution}$$

Il existe donc une infinité de solutions avec 1 valeur.

➤ $n = 2$

On a vu qu'aucune solution existe pour $n = 2$

$$s_2 = a_1 + a_2 \text{ et } \begin{cases} \dfrac{s_2}{a_1} = 1 + \dfrac{a_2}{a_1} \\ \dfrac{s_2}{a_2} = 1 + \dfrac{a_1}{a_2} \end{cases} \rightarrow a_1 = a_2 \rightarrow \text{contradiction car } a_1 < a_2 \text{ par définition}$$

Il n'existe aucune solution avec 2 valeurs.

➤ $n = 3$

$$s_3 = a_1 + a_2 + a_3 \text{ et } \begin{cases} \dfrac{s_3}{a_1} = 1 + \dfrac{a_2 + a_3}{a_1} \rightarrow a_2 + a_3 \equiv 0 \bmod a_1 \\ \dfrac{s_3}{a_2} = 1 + \dfrac{a_1 + a_3}{a_2} \rightarrow a_1 + a_3 \equiv 0 \bmod a_2 \\ \dfrac{s_3}{a_3} = 1 + \dfrac{a_1 + a_2}{a_3} \rightarrow a_1 + a_2 \equiv 0 \bmod a_3 \end{cases}$$

SOMME DE VALEURS DIVISIBLES PAR CHACUNE D'ELLE

On trouve :

$$\text{Avec } q \geq 1 : \begin{cases} a_3 = 3q \to \dfrac{s_3}{a_3} = 2 \\ a_2 = 2q \to \dfrac{s_3}{a_2} = 3 \\ a_1 = q \to \dfrac{s_3}{a_1} = 6 \end{cases} \to s_3 = 6q \to (a_1; a_2; a_3) = (q; 2q; 3q)$$

Par exemple :

$$q = \begin{cases} 1 \to s_3 = 6 = 1 + 2 + 3 \\ 2 \to s_3 = 12 = 2 + 4 + 6 \\ \quad \dots \\ 11 \to s_3 = 66 = 11 + 22 + 33 \\ \quad \dots \end{cases}$$

Il existe donc une infinité de solutions avec 3 valeurs.

➢ $n = 4$

$$s_4 = a_1 + a_2 + a_3 + a_4 \text{ et } \begin{cases} \dfrac{s_4}{a_1} = 1 + \dfrac{a_2 + a_3 + a_4}{a_1} \to a_2 + a_3 + a_4 \equiv 0 \bmod a_1 \\ \dfrac{s_4}{a_2} = 1 + \dfrac{a_1 + a_3 + a_4}{a_2} \to a_1 + a_3 + a_4 \equiv 0 \bmod a_2 \\ \dfrac{s_4}{a_3} = 1 + \dfrac{a_1 + a_2 + a_4}{a_3} \to a_1 + a_2 + a_4 \equiv 0 \bmod a_3 \\ \dfrac{s_4}{a_4} = 1 + \dfrac{a_1 + a_2 + a_3}{a_4} \to a_1 + a_2 + a_3 \equiv 0 \bmod a_4 \end{cases}$$

On trouve :

$$\text{Avec } q \geq 1 : \begin{cases} a_4 = 6q \to \dfrac{s_4}{a_4} = 2 \\ a_3 = 3q \to \dfrac{s_4}{a_3} = 4 \\ a_2 = 2q \to \dfrac{s_4}{a_2} = 6 \\ a_1 = q \to \dfrac{s_4}{a_1} = 12 \end{cases} \to s_4 = 12q \to (a_1; a_2; a_3; a_4) = (q; 2q; 3q; 6q)$$

Mais aussi :

$$\text{Avec } q \geq 1 : \begin{cases} a_4 = 9q \rightarrow \dfrac{s_4}{a_4} = 2 \\ a_3 = 6q \rightarrow \dfrac{s_4}{a_3} = 3 \\ a_2 = 2q \rightarrow \dfrac{s_4}{a_2} = 9 \\ a_1 = q \rightarrow \dfrac{s_4}{a_1} = 18 \end{cases} \rightarrow s_4 = 18q \rightarrow (\boldsymbol{a_1; a_2; a_3; a_4}) = (\boldsymbol{q; 2q; 6q; 9q})$$

Et :

$$\text{Avec } q \geq 1 : \begin{cases} a_4 = 10q \rightarrow \dfrac{s_4}{a_4} = 2 \\ a_3 = 5q \rightarrow \dfrac{s_4}{a_3} = 4 \\ a_2 = 4q \rightarrow \dfrac{s_4}{a_2} = 5 \\ a_1 = q \rightarrow \dfrac{s_4}{a_1} = 20 \end{cases} \rightarrow s_4 = 20q \rightarrow (\boldsymbol{a_1; a_2; a_3; a_4}) = (\boldsymbol{q; 4q; 5q; 10q})$$

Il existe donc une infinité de solutions diverses (d'au moins 3 formes différentes) avec 4 valeurs.

➢ $n \geq 5$

On détecte une structure qui permet de trouver au moins une famille de solutions infinies quel que soit le nombre de valeurs n. En effet, on remarque que :

$$q \geq 1 \text{ et } (a_1; a_2; \ldots; a_{n-1}; a_n) \rightarrow \begin{cases} a_1 = q \\ a_2 = 2q \\ a_3 = 3q \\ a_{i+1} = 2a_i, \forall i \in [3; n-3] \rightarrow a_i = 2^{i-3} 3q \end{cases}$$

Et :
$$s_n = \left(1 + 2 + 3\sum_{k=0}^{n-3} 2^k\right)q = 2^{n-2}3q$$

Par exemple :

$$n = 10 \rightarrow \begin{cases} a_1 = q \\ a_2 = 2q \\ a_3 = 3q \\ a_4 = 2a_3 = 2^1 3q = 6q \\ a_5 = 2a_4 = 2^2 3q = 12q \\ a_6 = 2a_5 = 2^3 3q = 24q \\ a_7 = 2a_6 = 2^4 3q = 48q \\ a_8 = 2a_7 = 2^5 3q = 96q \\ a_9 = 2a_8 = 2^6 3q = 192q \\ a_{10} = 2a_9 = 2^7 3q = 384q \end{cases} \text{ et } s_{10} = 2^8 3q = 768q$$

Il existe une infinité de solutions à n valeurs dont une des formes est la suivante :

$$(a_1; a_2; \ldots; a_{n-1}; a_n) = (q; 2q; 3q; 2^1 3q; 2^2 3q; \ldots; 2^{n-4} 3q; 2^{n-3} 3q) \text{ avec } \begin{cases} q \geq 1 \text{ et,} \\ s_n = 2^{n-2} 3q \end{cases}$$

➢ $n \rightarrow +\infty$

Enfin, si nombre somme est infinie, on utilise simplement la somme des inverses d'une suite géométrique, à savoir :

$$s_n = a_n + a_{n-1} + \cdots + a_2 + a_1 \rightarrow \frac{1}{\frac{s_n}{a_n}} + \frac{1}{\frac{s_n}{a_{n-1}}} + \cdots + \frac{1}{\frac{s_n}{a_2}} + \frac{1}{\frac{s_n}{a_1}} = \sum_{k=1}^{n} \frac{1}{\frac{s_n}{a_k}} = 1$$

Et :

$$\sum_{k=1}^{+\infty} \frac{1}{x^k} = \frac{1}{x-1} \text{ et avec } x = 2 : \sum_{k=1}^{+\infty} \frac{1}{2^k} = 1 \rightarrow \frac{s_n}{a_{n-i}} = 2^{i+1} \text{ avec } i \in [0; n-1]$$

D'où :

> *Il existe une infinité de solutions avec une infinité de valeurs ($n \to +\infty$) dont la forme est la suivante :*
>
> $$\lim_{n \to +\infty} (a_1; a_2; \ldots; a_{n-1}; a_n) = \lim_{n \to +\infty} (q; 2q; 4q; \ldots; 2^{n-1}q; 2^n q) \ avec \begin{cases} q \geq 1 \ et, \\ s_n = 2^{n+1}q \end{cases}$$

On a également avec :

$$\lim_{n \to +\infty} \sum_{k=1}^{n-1} k! = n!$$

La solution infinie suivante :

> *Il existe une infinité de solutions avec une infinité de valeurs ($n \to +\infty$) dont la forme est la suivante :*
>
> $$\lim_{n \to +\infty} (a_1; a_2; \ldots; a_{n-1}; a_n) = \lim_{n \to +\infty} \left(q; nq; n(n-1)q; \ldots; \frac{n!}{2!}q; \frac{n!}{1!}q\right) \ avec \begin{cases} q \geq 1 \ et, \\ s_n = n!\, q \end{cases}$$

6. Plus petite somme s_n de n nombres telle que chacun de ces n entiers positifs distincts divise la somme s_n de ces n nombres

Maintenant ce chemin de résultats et d'analyses parcouru, on se pose une question simple inclue dans les solutions déjà trouvées. Quelle est la plus petite somme s_n de n nombres telle que chacun de ces n entiers positifs distincts divise la somme s_n de ces n nombres ?

Aux vues de l'infinité de solutions, on se focalise donc ici sur les plus petites sommes pour un nombre de valeurs n fixé. On a ici inversé les indices k des a_k sans perte de généralité. On obtient alors :

$$n = \begin{cases} 1 \rightarrow a_1 = s_1 = 1 = s_{min} \\ 2 \rightarrow pas\ de\ solution \\ 3 \rightarrow (a_1; a_2; a_3) = (3; 2; 1)\ et\ s_3 = 6 = s_{min} \\ 4 \rightarrow (a_1; a_2; a_3; a_4) = (6; 3; 2; 1)\ et\ s_4 = 12\ (s_{min} = 10) \\ 5 \rightarrow (a_1; a_2; \ldots; a_5) = (12; 6; 3; 2; 1)\ et\ s_5 = 24\ (s_{min} = 15) \\ 6 \rightarrow (a_1; a_2; \ldots; a_6) = (8; 6; 4; 3; 2; 1)\ et\ s_6 = 24\ (s_{min} = 21) \\ 7 \rightarrow (a_1; a_2; \ldots; a_7) = (24; 8; 6; 4; 3; 2; 1)\ et\ s_7 = 48\ (s_{min} = 28) \\ 8 \rightarrow (a_1; a_2; \ldots; a_8) = (16; 12; 8; 6; 3; 2; 1)\ et\ s_8 = 48\ (s_{min} = 36) \\ 9 \rightarrow (a_1; a_2; \ldots; a_9) = (28; 21; 12; 7; 6; 4; 3; 2; 1)\ et\ s_9 = 84\ (s_{min} = 45) \\ 10 \rightarrow (a_1; a_2; \ldots; a_{10}) = (30; 24; 20; 15; 12; 8; 5; 3; 2; 1)\ et\ s_{10} = 120\ (s_{min} = 55) \\ 11 \rightarrow (a_1; \ldots; a_{11}) = (30; 24; 20; 12; 10; 8; 6; 4; 3; 2; 1)\ et\ s_{11} = 120\ (s_{min} = 66) \\ 12 \rightarrow (a_1; \ldots; a_{12}) = (30; 24; 15; 12; 10; 8; 6; 5; 4; 3; 2; 1)\ et\ s_{12} = 120\ (s_{min} = 78) \\ 13 \rightarrow (a_1; \ldots; a_{13}) =?\ et\ 5! = 120 < s_{13} \leq 6! = 720\ (s_{min} = 91) \\ \ldots \end{cases}$$

SOMME DE VALEURS DIVISIBLES PAR CHACUNE D'ELLE

Voici ces résultats sous forme graphique :

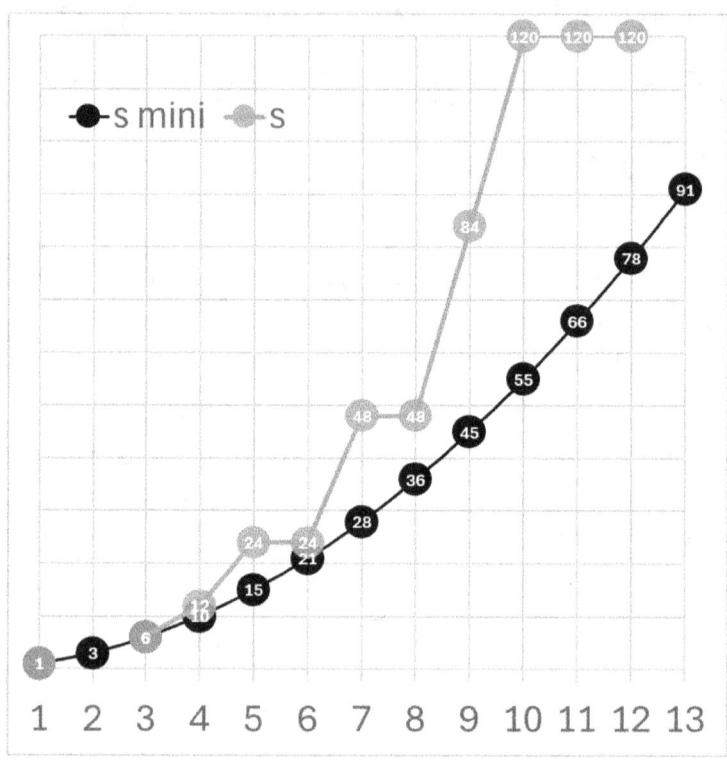

On peut également montrer le cumul des diviseurs pour un n fixé avec le graphique suivant :

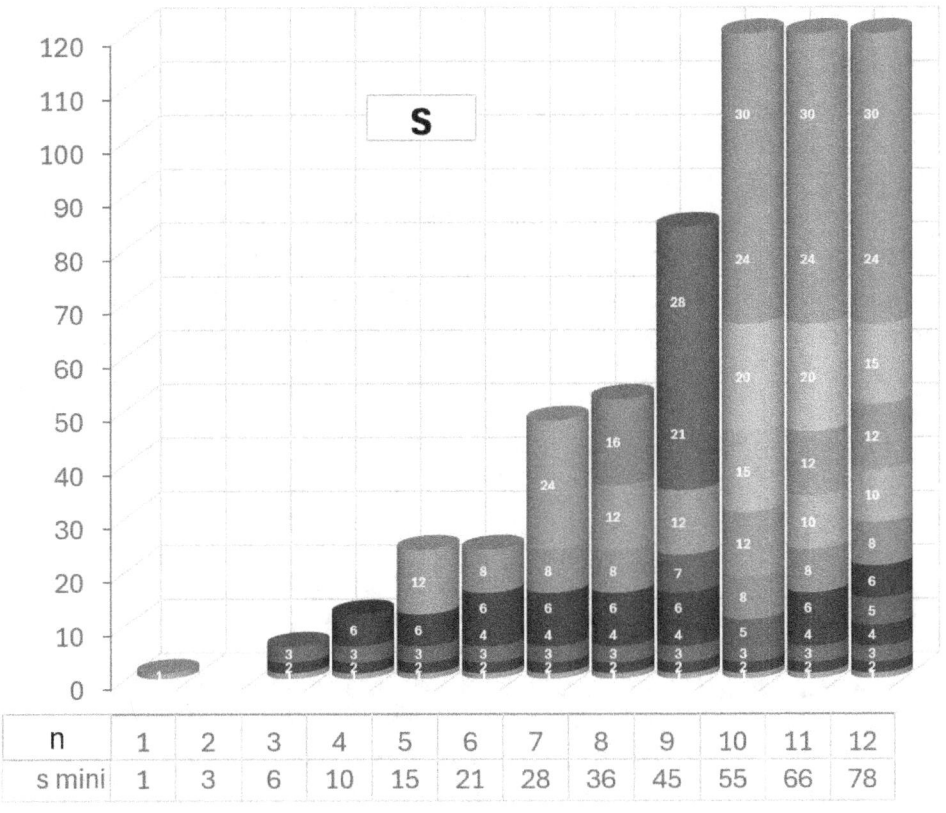

n	1	2	3	4	5	6	7	8	9	10	11	12
s mini	1	3	6	10	15	21	28	36	45	55	66	78

Pour trouver ces valeurs minimales, on a d'abord cherché une solution pour le plus petit $s_{min} = \frac{n(n+1)}{2}$ et s'il n'en existe pas, on incrémente s_{min} jusqu'au plus la première factorielle supérieure à s_{min}. On verra plus loin pourquoi. Par exemple pour :

$$n = 4 \rightarrow s_4 = s_{min} = 10 = 2 \times 5 \rightarrow d(s_4) = 4 = \{1; 2; 5; 10\}$$
$$\rightarrow 1 + 2 + 5 + 10 = 18 \neq 10 \rightarrow pas\ de\ solution$$
$$s_4 = 11 \rightarrow pas\ de\ solution\ car\ 11\ est\ premier$$

$s_4 = 12 \rightarrow solution\ connue, donc\ c'est\ la\ plus\ petite\ valeurs\ pour\ n = 4.$

On n'a pas eu besoin ici d'aller jusqu'à la prochaine factorielle supérieure à 10 qui vaut $4! = 24$.

➢ Factorielles

A noter que certaines sommes ont des solutions pour chaque valeur de $d(s_n) > n \geq 3$. Ces sommes sont les nombres les plus friables. C'est-à-dire les nombres que l'on peut découper en un maximum de morceaux élémentaires (en nombres premiers). Un bon candidat est donc la factorielle ou la primorielle qui comportent beaucoup de nombres premiers avec ou sans puissance. C'est pour cela qu'on retrouve dans notre liste précédente $6 = 3!$, $24 = 4!$ et $120 = 5!$. Ce n'est, bien sûr, pas un hasard. Par exemple :

$$s_n = 3! = 6 = 2 \times 3 \rightarrow d(s_n) = 4 = \{1; 2; 3; 6\} \geq n \rightarrow si\ n = 3 \rightarrow s_{min} = 6 = 1 + 2 + 3$$

Mais aussi pour :

$$s_n = 4! = 24 = 2^3 3 \rightarrow d(s_n) = 8 = \{1; 2; 3; 4; 6; 8; 12; 24\} > n$$

$$\rightarrow si\ n = \begin{cases} 3 \rightarrow s_{min} = 6\ et\ 24 = 4 + 8 + 12 \\ 4 \rightarrow s_{min} = 10\ et\ 24 = 1 + 3 + 8 + 12 = 2 + 4 + 6 + 12 \\ 5 \rightarrow s_{min} = 15\ et\ 24 = 1 + 2 + 3 + 6 + 12 \\ 6 \rightarrow s_{min} = 21\ et\ 24 = 1 + 2 + 3 + 4 + 6 + 8 \\ 7 \rightarrow s_{min} = 28 > 24 \rightarrow pas\ de\ solution \end{cases}$$

Ou bien pour :

$$s_n = 5! = 120 = 2^3 3.5$$

$$\rightarrow d(s_n) = 16 = \{1; 2; 3; 4; 5; 6; 8; 10; 12; 15; 20; 24; 30; 40; 60; 120\} > n$$

SOMME DE VALEURS DIVISIBLES PAR CHACUNE D'ELLE

Et :

$$\text{si } n = \begin{cases} 3 \to s_{min} = 6 \text{ et } 20 + 40 + 60 = 120 \\ 4 \to s_{min} = 10 \text{ et } 5 + 15 + 40 + 60 = 120 \\ 5 \to s_{min} = 15 \text{ et } 5 + 10 + 15 + 30 + 60 = 120 \\ 6 \to s_{min} = 21 \text{ et } 5 + 6 + 10 + 15 + 24 + 60 = 120 \\ 7 \to s_{min} = 28 \text{ et } 2 + 5 + 6 + 8 + 15 + 24 + 60 = 120 \\ 8 \to s_{min} = 36 \text{ et } 5 + 6 + 8 + 12 + 15 + 20 + 24 + 30 = 120 \\ 9 \to s_{min} = 45 \text{ et } 1 + 2 + 3 + 4 + 5 + 6 + 15 + 24 + 60 = 120 \\ 10 \to s_{min} = 55 \text{ et } 1 + 2 + 3 + 5 + 8 + 12 + 15 + 20 + 24 + 30 = 120 \\ 11 \to s_{min} = 66 \text{ et } 1 + 2 + 3 + 4 + 6 + 8 + 10 + 12 + 20 + 24 + 30 = 120 \\ 12 \to s_{min} = 78 \text{ et } 1 + 2 + 3 + 4 + 5 + 6 + 8 + 10 + 12 + 15 + 24 + 30 = 120 \\ 13 \to \text{la somme des } 13 \text{ plus petits diviseurs de } 120 \text{ est} > 120 \\ 14 \to \text{idem pas de solution} \\ 15 \to \text{idem pas de solution} \end{cases}$$

Ainsi, pour trouver la somme minimale de n valeurs, dont chacune divise cette somme, il suffit de :

- Calculer la somme minimale triangulaire $\frac{n(n+1)}{2}$;
- Calculer la première factorielle au-dessus ou égale à cette somme minimale ;
- Chercher une solution en partant de cette somme minimale jusqu'à, au plus, la factorielle calculée ci-dessus.

~

Mais alors, pourquoi la factorielle admet-elle à priori quasiment toujours une solution s_n pour $d(s_n) > n \geq 3$ et $s_n \geq \frac{n(n+1)}{2}$? C'est-à-dire que :

$$s_n = \sum_{k=1}^{n} a_k = m! = \prod_{k=1}^{m} k = \prod_{k=1}^{\pi(m)} p_k^{v_{p_k}(m!)} \to d(s_n) = \prod_{k=1}^{\pi(m)} \left(v_{p_k}(m!) + 1\right)$$

SOMME DE VALEURS DIVISIBLES PAR CHACUNE D'ELLE

Et la formule de Legendre nous indique que :

$$v_{p_k}(m!) = \sum_{r=1}^{\lfloor \ln_{p_k}(m) \rfloor} \left\lfloor \frac{m}{p_k^r} \right\rfloor$$

$$\leq \sum_{r=1}^{\lfloor \ln_{p_k}(m) \rfloor} \frac{m}{p_k^r} = m \sum_{r=1}^{\lfloor \ln_{p_k}(m) \rfloor} \left(\frac{1}{p_k}\right)^r = m \frac{\frac{1}{p_k} - \frac{1}{p_k^{\lfloor \ln_{p_k}(m) \rfloor + 1}}}{1 - \frac{1}{p_k}} = m \frac{1 - \frac{1}{p_k^{\lfloor \ln_{p_k}(m) \rfloor}}}{p_k - 1} \leq m \frac{1 - \frac{1}{m}}{p_k - 1}$$

Soit :

$$v_{p_k}(m!) \leq \frac{m-1}{p_k - 1}$$

Et en particulier, on a égalité si :

$$\begin{cases} v_2(2^s!) = 2^s - 1 \\ v_3(3^s!) = \dfrac{3^s - 1}{2} \end{cases} \to v_{p_k}(p_k^s!) = \frac{p_k^s - 1}{p_k - 1} = p_k^{s-1} + p_k^{s-2} + \cdots + p_k + 1$$

On a également :

$$v_{p_k}(m!) = \frac{m - c_{p_k}(m)}{p_k - 1}$$

Avec la somme des chiffres de m en base $p_k = c_{p_k}(m) = \sum_{i=1}^{\lfloor \ln_{p_k}(m) \rfloor} \left(\left\lfloor \frac{m}{p_k^i} \right\rfloor - p_k \left\lfloor \frac{m}{p_k^{i+1}} \right\rfloor \right)$

Soit :

$$c_{p_k}(m) = \left\lfloor \frac{m}{p_k} \right\rfloor - p_k \left\lfloor \frac{m}{p_k^{\lfloor \ln_{p_k}(m) \rfloor + 1}} \right\rfloor + (1 - p_k) \sum_{i=2}^{\lfloor \ln_{p_k}(m) \rfloor} \left\lfloor \frac{m}{p_k^i} \right\rfloor$$

$$\leq \frac{m}{p_k} - 1 + (1 - p_k) m \sum_{i=2}^{\lfloor \ln_{p_k}(m) \rfloor} \left(\frac{1}{p_k}\right)^i = \frac{m}{p_k} - 1 + (1 - p_k) m \frac{\frac{1}{p_k^2} - \frac{1}{p_k m}}{1 - \frac{1}{p_k}} = \frac{2m}{p_k}$$

$$\to c_{p_k}(m) \leq \frac{2m}{p_k}$$

D'où :

$$v_{p_k}(m!) \geq \frac{m - \frac{2m}{p_k}}{p_k - 1} = \left(\frac{p_k - 2}{p_k - 1}\right)\frac{m}{p_k}$$

Finalement, on obtient l'encadrement suivant :

$$\left(\frac{p_k - 2}{p_k - 1}\right)\frac{m}{p_k} \leq v_{p_k}(m!) \leq \frac{m - 1}{p_k - 1}$$

Par exemple, avec :

$$m = 5 \rightarrow \begin{cases} v_2(5!) = 3 \in [0; 4] \\ v_3(5!) = 1 \in \left[\frac{5}{6}; 2\right] \end{cases} \text{ et } m = 12 \rightarrow \begin{cases} v_2(12!) = 10 \in [0; 11] \\ v_3(12!) = 5 \in \left[2; \frac{11}{2}\right] \end{cases}$$

Et ainsi :

$$\prod_{k=1}^{\pi(m)} \left(\left(\frac{p_k - 2}{p_k - 1}\right)\frac{m}{p_k} + 1\right) \leq d(m!) = \prod_{k=1}^{\pi(m)} \left(v_{p_k}(m!) + 1\right) \leq \prod_{k=1}^{\pi(m)} \left(\frac{m - 1}{p_k - 1} + 1\right)$$

Par exemple, avec :

$$m = 5 \rightarrow \frac{77}{24} \approx 3{,}21 \leq d(5!) = 16 \leq 30$$

$$m = 11 \rightarrow \frac{1660543}{50400} \approx 32{,}95 \leq d(11!) = 540 \leq 1232$$

$$m = 12 \rightarrow \frac{5559}{275} \approx 20{,}21 \leq d(12!) = 792 \leq \frac{13923}{8} \approx 1740{,}37$$

SOMME DE VALEURS DIVISIBLES PAR CHACUNE D'ELLE

On a ainsi obtenu un encadrement large, mais simple à calculer, du nombre de diviseurs d'une factorielle. Le fait que la factorielle soit divisible par tous les nombres inférieurs à lui-même, permet une telle variété des sommes des parties de ses diviseurs qu'il existe à priori toujours une solution s_n. Par exemple, pour 4! on dénombre 5 solutions :

$$4! = 24 = \begin{cases} 12 + 8 + 4 = s_3 \\ 12 + 6 + 4 + 2 = s_4 \\ 12 + 8 + 3 + 1 = s_4 \\ 12 + 6 + 3 + 2 + 1 = s_5 \\ 8 + 6 + 4 + 3 + 2 + 1 = s_6 \end{cases}$$

Conjecture : une factorielle admet toujours au moins une solution s_n pour tout

$$n \in [3; d(s_n) - 2]$$

Car il n'existe pas de solution pour $n < 3$ et comme :

- $d(s_n) = s_n \to n < d(s_n)$ ou $n \leq d(s_n) - 1$ et,
- $n! < \frac{n!}{2} + \frac{n!}{3} + \frac{n!}{4} = \frac{13}{12} n! \to n \leq d(s_n) - 2$.

Par exemple, on a :

n	3	4	5	6	7
s_{min}	6	10	15	21	28
s_n	6 = 3!	12 = 2 × 3!	24 = 4!	24 = 4!	48 = 2 × 4!

Et :

n	8	9	10	11	12	13
s_{min}	36	45	55	66	78	91
s_n	48	84	120 = 5!	120 ?	120 ?	120 < s < 720

La factorielle est donc la meilleure candidate pour trouver les sommes primitives, c'est-à-dire les plus petites et irréductibles.

7. Equation génératrice

A noter qu'une solution n donne une solution pour $n+1$ car :

$$s_n = \sum_{k=1}^{n} a_k \rightarrow s_{n+1} = 2s_n = s_n + \sum_{k=1}^{n} a_k = \sum_{k=1}^{n+1} a_k \text{ avec } a_{n+1} = s_n$$

Par exemple avec :

$$n = 3 \rightarrow 6 = 3 + 2 + 1$$
$$n = 4 \rightarrow 12 = 6 + 3 + 2 + 1$$
$$n = 5 \rightarrow 24 = 12 + 6 + 3 + 2 + 1$$
$$n = 6 \rightarrow 48 = 24 + 12 + 6 + 3 + 2 + 1$$
$$\ldots$$

Et ainsi de suite, d'où :

$$\boxed{s_n = 2^{n-2}3 = 1 + 2 + 3\sum_{k=0}^{n-3} 2^k \text{ avec } n \text{ valeurs}}$$

Soit :

$$n = 10 \rightarrow s_{10} = 2^8 3 = 768 = 1 + 2 + 3 + 6 + 12 + 24 + 48 + 96 + 192 + 384$$

Il existe d'autres formes issues des équations déjà trouvées précédemment. On est ici parti de la plus simple et la plus courte pour $n = 3$. On peut facilement faire de même avec toutes les autres. Si bien qu'il est facile d'incrémenter n et trouver des solutions. En revanche, ces solutions étant multiple, d'autres croissent très vite. Du coup, impossible avec cette méthode récurrente de trouver les valeurs de s les plus petites pour un n fixé. La vraie difficulté réside bien ici. La factorielle donne un bon indice d'où chercher. Mais cela ne suffit pas. Une étude plus approfondie est nécessaire.

A noter qu'avec une solution s_n pour n valeurs, on a également une solution ps_n pour n valeurs. En effet avec :

$$s_n = \sum_{k=1}^{n} a_k \rightarrow ps_n = p\sum_{k=1}^{n} a_k = \sum_{k=1}^{n} pa_k \text{ avec } p \text{ premier et qui ne divise pas } s_n$$

Ainsi :

> Si pour n valeurs, on a la solution $\{a_1; a_2; \ldots; a_n\}$ avec $s_n = \sum_{k=1}^{n} a_k$
>
> On a alors également une infinité de solutions $\{pa_1; pa_2; \ldots; pa_n\}$ avec $s'_n = \sum_{k=1}^{n} a'_k$
>
> telles que p soit premier, $s'_n = ps_n$, $a'_k = pa_k$ et p ne divise pas s_n.

Par exemple :

$$n = 3 \rightarrow s_3 = 6 = 1 + 2 + 3 \rightarrow si\ p = \begin{cases} 5 \rightarrow s'_3 = 30 = 5 + 10 + 15 \\ 7 \rightarrow s'_3 = 42 = 7 + 14 + 21 \\ 11 \rightarrow s'_3 = 66 = 11 + 22 + 33 \\ \ldots \end{cases}$$

> Dès lors qu'une solution existe pour n valeurs, il en existe aussi une infinité avec :
>
> $s'_n > s_n$

Et :

> *Comme il existe toujours une solution pour $n \geq 3$, alors il en existe une infinité pour $n \geq 3$.*

8. Partition

Souvenez vous en introduction, nous parlions de partition de s_n en n valeurs distinctes parmi les diviseurs de s_n. Existe-t-il une formule pour les dénombrer ? Malheureusement non, mais il suffit d'en trouver une pour chaque valeur de s_n pour avancer. Une approximation est dans ce cas possible.

Tout d'abord, on a vue qu'on connait le nombre de diviseurs d'un nombre entiers. On sait également que le plus grand diviseur de s_n est lui-même et le plus petit est l'unité. Ainsi :

$$s_n < d_1(s_n) + \cdots + d_{d(s_n)}(s_n) \; car \; d_k(s_n) = \underbrace{\{1; \ldots ; s_n\}}_{d(s_n) \; valeurs} \; avec \; 1 \leq k \leq d(s_n)$$

Et comme :

$$\sum_{k=1}^{d(s_n)} d_k(s_n) \geq 1 + s_n > s_n = \sum_{k=1}^{n<d(s_n)} d_{i_k}(s_n) \; avec \; 1 \leq i_k < d(s_n) \; et \; a_k = d_{i_k}(s_n)$$

Par exemple, pour :

$$d(s_n) > n = 3 \rightarrow s_3 = d_a(s_3) + d_b(s_3) + d_c(s_3) \rightarrow \frac{d_a(s_3)}{s_3} + \frac{d_b(s_3)}{s_3} + \frac{d_c(s_3)}{s_3} = 1$$

On a, à minima :

$$\underbrace{\frac{1}{6} + \frac{1}{3} + \frac{1}{2} = 1}_{\substack{car: \\ \frac{1}{2}+\frac{1}{3}+\frac{1}{4}>1 \\ \frac{1}{2}+\frac{1}{3}+\frac{1}{5}>1}} \rightarrow \begin{cases} d_a(s_3) = \frac{s_3}{6} \\ d_b(s_3) = \frac{s_3}{3} \\ d_c(s_3) = \frac{s_3}{2} \end{cases} \rightarrow \sum_{k=1}^{d(s_3)} d_k(s_3) \geq 2s_3$$

D'où :

$$(d(s_3))_{min} \geq n+1 = 4 \rightarrow \sum_{k=1}^{4} d_k(s_3) = \frac{s_3}{6} + \frac{s_3}{3} + \frac{s_3}{2} + s_3 = 2s_3$$

$$\rightarrow s_{min} = 6 = \frac{6}{6} + \frac{6}{3} + \frac{6}{2} = 1 + 2 + 3$$

SOMME DE VALEURS DIVISIBLES PAR CHACUNE D'ELLE

Si on entremêle cette somme de fraction unitaire, on obtient :

$$\left(\frac{1}{6}+\frac{1}{3}+\frac{1}{2}\right)\frac{1}{6}+\frac{1}{3}+\frac{1}{2} = 1 \to \frac{1}{36}+\frac{1}{18}+\frac{1}{12}+\frac{1}{3}+\frac{1}{2} = 1$$

$$\to s_5 = 36 = 1+2+3+12+18$$

$$\frac{1}{6}+\left(\frac{1}{6}+\frac{1}{3}+\frac{1}{2}\right)\frac{1}{3}+\frac{1}{2} = 1 \to \frac{1}{18}+\frac{1}{9}+\frac{1}{3}+\frac{1}{2} = 1 \to s_4 = 18 = 1+2+6+9$$

$$\frac{1}{6}+\frac{1}{3}+\left(\frac{1}{6}+\frac{1}{3}+\frac{1}{2}\right)\frac{1}{2} = 1 \to \frac{1}{12}+\frac{1}{6}+\frac{1}{4}+\frac{1}{2} = 1 \to s_4 = 12 = 1+2+3+6$$

Mais ces sommes ne sont pas forcément minimales bien que la méthode soit simple et terriblement efficace. De manière général, on recherche donc :

$$s_n = \sum_{k=1}^{n<d(s)_n} a_k \to 1 = \sum_{k=1}^{n} \frac{a_k}{s_n}$$

On a :

$$s_n = \sum_{k=1}^{n} a_k \; et \; n < d(s_n) = \prod_{k=1}^{\pi(s_n)} (v_{p_k}(s_n)+1) \to \begin{cases} a_1 = 1 \\ \dots \\ a_n = s_n \end{cases}$$

On considère que le diviseur milieu de s_n vaut en moyenne dans $\mathbb{N}$:

$$a_{\lfloor\frac{n}{2}\rfloor} \approx \lfloor\sqrt{s_n}\rfloor$$

$$\to \underbrace{s_n}_{k=1} + \sum_{k=2}^{\lfloor\sqrt{s_n}\rfloor} \frac{s_n}{k} \approx 1 + \frac{s_n}{2}\left(\int_2^{\sqrt{s_n}+1} \frac{dx}{x} + \int_1^{\sqrt{s_n}} \frac{dx}{x}\right) = \left(1 + \frac{1}{2}\ln\left(\frac{s_n + \sqrt{s_n}}{2}\right)\right) s_n$$

SOMME DE VALEURS DIVISIBLES PAR CHACUNE D'ELLE

S'il existe en moyenne autant de diviseurs plus grands que $\sqrt{s_n}$ que plus petit, la somme de tous les diviseurs de s_n vaut alors en moyenne et au plus :

$$\sum_{k=1}^{d(s_n)} d_k(s_n) \approx 2 \sum_{k=1}^{\lfloor\sqrt{s_n}\rfloor} \frac{s_n}{k} \underbrace{-1}_{\substack{\text{sinon }\lfloor\sqrt{s_n}\rfloor \\ \text{compté 2 fois}}} \approx \left(2 + \ln\left(\frac{s_n + \sqrt{s_n}}{2}\right)\right) s_n - 1 \geq s_n$$

Or, on recherche :

$$s_n \leq \sum_{k=1}^{d(s_n)-1} d_k(s_n) \approx s_n \ln\left(\frac{s_n + \sqrt{s_n}}{2} e\right) - 1 \to s_n \geq 2$$

Il est à ce stade difficile une nouvelle fois de poursuivre simplement.

9. Références

Ce problème a été développé à partir de l'énigme n°3 proposé le 8 avril 2019 sur le site du magazine « Pour la science » qui était :

« Trouvez dix entiers positifs distincts tels que chacun d'entre eux divise la somme de ces dix nombres. »

Cf. pourlascience.fr/p/dossier/des-nombres-et-des-enigmes-16716.php.

Il existe également une pléthore d'informations sur Wikipédia, entre autres :

- fr.wikipedia.org/wiki/Fonction_somme_des_diviseurs
- en.wikipedia.org/wiki/Divisor_function
- mathworld.wolfram.com/DivisorFunction.html
- fr.wikipedia.org/wiki/Fonction_somme_des_puissances_k-i%C3%A8mes_des_diviseurs
- fr.wikipedia.org/wiki/Formule_de_Legendre
- fr.wikipedia.org/wiki/Fraction_%C3%A9gyptienne
- fr.wikipedia.org/wiki/Conjecture_d%27Erd%C5%91s-Straus
- fr.wikipedia.org/wiki/D%C3%A9veloppement_en_s%C3%A9rie_de_Engel
- fr.wikipedia.org/wiki/Probl%C3%A8me_de_Zn%C3%A1m
- oeis.org/A000203

10. Conclusions

On a découvert que les sommes de n valeurs entières positives divisible par chacune d'elle révèle d'autres énigmes.

Tout d'abord, il en existe une infinité même si elles sont irréductibles (sans facteurs commun multiplicateur). Il en existe une infinité si n>2. On peut les rechercher à l'aide des sommes de fractions unitaires. Ce qui ramène à des problèmes connus mais toujours en cours de recherche depuis des siècles !

On a finalement exposé quelques solutions et méthodes pour en trouver sans trop d'effort. A partir d'une certaine valeur de n, les lister toutes recèlent encore du miracle. Ce fractionnement additif, doublé d'une divisibilité contraignante, ne parait pourtant pas limiter les solutions, complexes mais nombreuses. C'est tout le paradoxe de ce problème. Si simple et si compliqué à la fois.

Trouver toutes ces singularités dans l'immensité dénombrable des nombres entiers positifs n'est à priori pas possible aux vues de la multitude et de la variété des types de solutions réellement existantes. Il n'existe donc pas de formulation globale et magique qui recouvrent toutes les solutions. Le fait d'en avoir quelques unes à la portée montre déjà une bonne évolution de l'approche du sujet. Ces recherches, j'en suis convaincu, ne tarderont pas à nous éblouir prochainement de nouvelles découvertes plus époustouflantes les unes que les autres. A vos crayons ! Et bonne route vers de fausses impasses étroites. Verrez-vous la lumière plus qu'un autre auparavant ? Je vous y invite par cet ouvrage initiatique.

SOMME DE VALEURS DIVISIBLES PAR CHACUNE D'ELLE

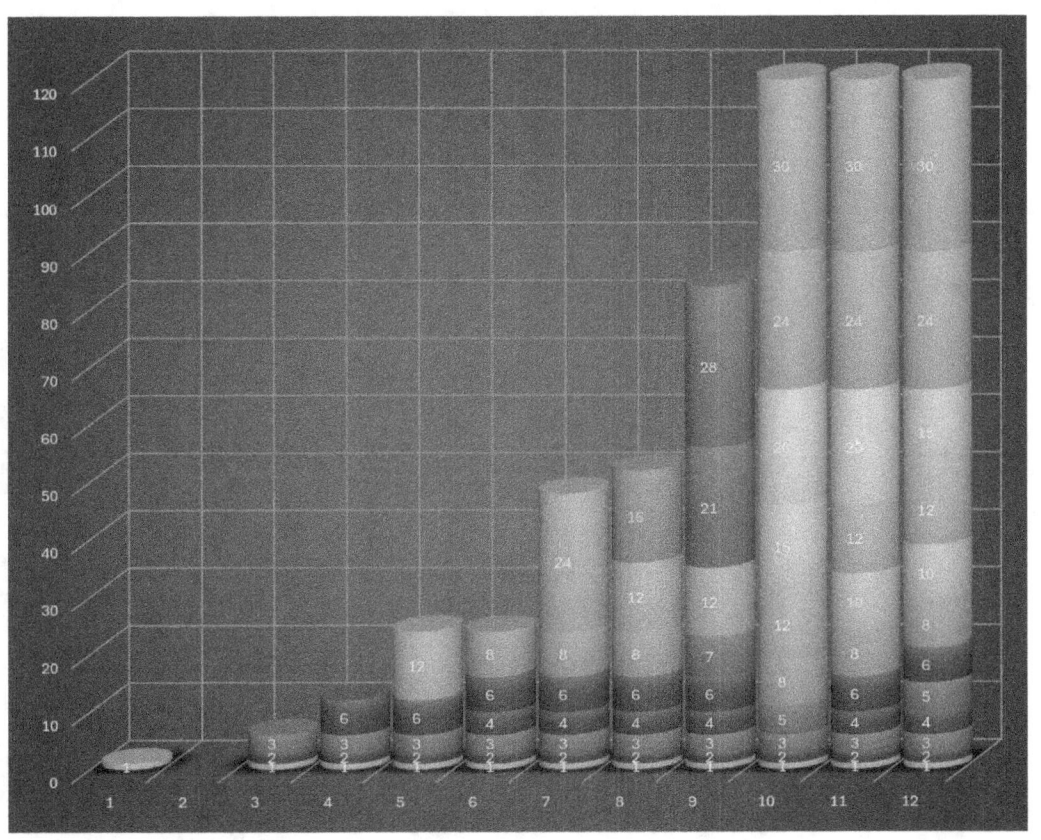

www.ingramcontent.com/pod-product-compliance
Lightning Source LLC
Chambersburg PA
CBHW030121230526
45469CB00005B/1743